动物小镇的经济学·启迪孩子财商的故事绘本

野猪先生开银行

芳飞翼 著　海润阳光 绘

北京出版集团
北京教育出版社

图书在版编目（CIP）数据

野猪先生开银行 / 芳飞翼著 ；海润阳光绘． -- 北京 ：北京教育出版社，2023.3
（动物小镇的经济学．启迪孩子财商的故事绘本）
ISBN 978-7-5704-4736-7

Ⅰ．①野… Ⅱ．①芳… ②海… Ⅲ．①财务管理—儿童读物 Ⅳ．① TS976.15-49

中国版本图书馆 CIP 数据核字（2022）第 153559 号

野猪先生开银行
YEZHU XIANSHENG KAI YINHANG
芳飞翼 著 海润阳光 绘
责任编辑：张文超 责任印制：肖莉敏

出 版 北京出版集团
北京教育出版社
地 址 北京北三环中路 6 号
邮 编 100120
网 址 www.bph.com.cn
总发行 京版北教文化传媒股份有限公司
经 销 全国各地书店
印 刷 天津联城印刷有限公司
版 次 2023 年 3 月第 1 版
印 次 2024 年 3 月第 2 次印刷
开 本 889 毫米 ×1194 毫米 1/16
印 张 2.125
字 数 25 千字
书 号 ISBN 978-7-5704-4736-7
定 价 25.80 元

如有印装质量问题，由本社负责调换
质量监督电话 010-58572844 010-58572393

序▼

当今社会，有很多年轻人沦为卡奴、月光族、借贷族，这种现象源于“财商”的缺失，智商和情商再高，缺了“财商”，可能成就越高，摔得越惨。

财商是与智商和情商同样重要的能力。培养一个能够正确看待和使用金钱，拥有理财思维的孩子，能帮助他们为将来拥有幸福的生活打下良好基础。

给孩子讲钱不容易。钱是什么？钱从哪来？为什么可以用它买东西？钱越多越好吗？有钱会让人快乐吗？这一连串的问题，该如何回答？怎么才能让孩子理解呢？《动物小镇的经济学·启迪孩子财商的故事绘本》用生动的语言、灵动的图画，把这些答案融入故事里。

我们知道，讲大道理孩子不爱听，但讲故事却能让孩子听得津津有味。这套绘本包括6个富有哲理的小故事，幽默诙谐，寓教于乐。

咕噜咕噜村和叽叽喳喳村想要交换物品，经过不断地尝试，他们终于找到了好办法。究竟是什么呢？看完《贝壳变成了钱》，可以请孩子来回答，动物们最后是如何解决的。

既然钱可以方便地换到东西，懒惰的乌鸦也想挣钱。一开始它把贝壳种在土里，渴望种出许许多多的钱，乌鸦会成功吗？钱到底从哪儿来呢？《乌鸦想挣钱》这本书可以告诉你答案。

如果钱多了，可以把钱存进银行，那么银行是干什么的呢？读完《野猪先生开银行》，你会知道为什么会有银行，我们为什么愿意把钱存进银行里。

我们要学会挣钱，也要学会花钱。《爱花钱的园丁鸟》这本书里，园丁鸟不停地拿出贝壳花，很快木箱里就只剩一枚贝壳了……这个故事告诉孩子：花钱要合理。

为了学习花钱，猴子还专门报了班。记账是管理零花钱的好办法，打开《猴子的记账本》，看看他是怎么做的。

野猪先生越来越有钱，变成富翁的野猪先生快乐吗？有钱了，我们该怎么办呢？野猪先生找到了答案。如果你也想知道，可以读这本《富翁野猪的烦恼》。

这套绘本用鲜活的形象，充满童趣的语言，风趣好玩的故事真诚地给孩子讲述了关于钱的多方面的知识。内容看似简单，却可能对人的一生产生深远的影响。如何与孩子谈钱，这套绘本一定可以帮到你。

经济学博士，副教授，硕士研究生导师 陈玲

野猫经营首饰店赚了不少贝壳，他怕丢失，每天走到哪儿背到哪儿。

又背着贝壳
出门啦!

野猫赚的贝壳越来越多，他实在背不动了，只好放在家里。

可是，一离开家他就不放心，觉得每个村民都在打他贝壳的主意。

5 分钟后……

10 分钟后……

20 分钟后……

野猫每隔几分钟就跑回家查看贝壳是否安全，这让首饰店的生意大受影响，眼看就要关门大吉。

野猫找到野猪诉苦。

野猪拍拍胸脯说：“你可以把贝壳放在我的贝壳加工店里，我免费替你看管。”

一天夜里，一个蒙面大盗潜入咕噜咕噜村。

他“光顾”了每一家。

除了野猪的

贝壳加工店。

对于这起严重的入室偷盗事件，大家义愤填膺。

野猪却因此获得了一份意外的礼物。

大黄狗村长提出加强咕噜咕噜村防贼防盗的一百项措施。
这些点子怎么样？
不怎么样，不如你的獠牙管用。
防盗宣传
黄狗村长宣
防盗宣传
黄狗村长宣
防盗宣传
黄狗村长宣

野猪也提出一个办法。

据说，早期的银行起源于金匠铺。金匠的工作是打制金子，所以他们储存有金子，并且具有较好的安保措施。一些人为了安全，将金子存放在金匠铺，金匠铺由此逐渐发展成银行。

大家都认为野猪的办法更靠谱，纷纷去找他。

野猪贴心地给大家发放了凭证，螳螂主动来帮忙。

叽叽喳喳村的村民也害怕蒙面大盗“光顾”，纷纷把贝壳存到野猪的加工店。

野猪店里寄存的贝壳越来越多……

野猪夜里睡觉都守在贝壳前，蒙面大盗无计可施。

一天，獾来取贝壳，愁眉苦脸地说：“昨晚一场雨，我的房子可遭了殃！我想修修房子，可还差20个贝壳。”

獾如期归还了 21 个贝壳。

野猪想，这比辛辛苦苦地加工贝壳强多了。

野猪银行开张了！

野猪雇用螳螂当业务经理。

只要付一定利息，想借多少贝壳就借多少。

银行有一个很重要的功能就是借钱给别人，按期收取利息，发放贷款。这是银行收入的重要来源。

顾客一个接一个，螳螂可忙坏了。
所以，他最讨厌发生意外的事。
我要种一片花田，需要借10个贝壳买花种。
明年春天花开酿了蜜再还。
真讨厌！
你帮我算算，要多少利息？
见鬼！你非要抱着你的蜜罐吗？

能不能快点儿!
我想扩大草场规模，请借我……
说过多少遍了，禁止把独轮车推进来!

没过多久，野猪银行出现了问题。

第二天，野猪贴出了告示。

银行不但替我们保管钱财，防止钱财被偷盗，还会定期给我们利息。把钱存在银行是一个好办法。

连大黄狗村长也被吸引来了。

野猪银行
动物小镇的村民争着把积攒的贝壳存到野猪银行。
包括以前深居简出、很少露面的居民。
营业中
借款规则：
每借 10个贝壳，
个月后归还11个
壳。半年后归还
贝壳。一年后
还14个贝壳。
熏死我们啦！
噗~~

贝壳的问题解决了，
野猪可以高枕无忧了。

现在螳螂更忙了！

村民素质有
待提升啊!
办业务,
请排队!
我都等了大半天
了,怎么还没轮到我?
野猪

读后感

心心 4岁

▶《贝壳变成了钱》

看了这个故事，我也想有好多贝壳。不过我有好多硬币，装在存钱罐里。我可以用它们换来好多漂亮的贝壳。

▶《乌鸦想挣钱》

这只乌鸦原来很懒，后来它发现贝壳是钱，于是就努力工作。它很聪明，足智多谋，就像《乌鸦喝水》里面的乌鸦一样。它用自己的点子帮助了别人，自己也挣了更多的贝壳。我希望长大以后，也能像这只乌鸦一样聪明，用自己的智慧去帮助大家，也帮自己挣更多的钱！

陈嫣茜 9岁

宋易阳 11岁

▶《野猪先生开银行》

读了《野猪先生开银行》这本书，我知道了银行的来历。有了这些知识，银行对我来说不再神秘。野猪能成为大银行家真是了不起！我在想，野猪将来会不会把银行开到更多的地方呢？

▶《爱花钱的园丁鸟》

乱花钱不是好习惯！花钱要有计划。我特别喜欢布谷鸟村长，它特别有爱心，收留了园丁鸟太太。园丁鸟太太后来也变了。我以后买玩具也要有计划。

笑笑 5岁

李晗宇 6岁

▶《猴子的记账本》

哈，真好玩的故事。我好想有一个小猪存钱罐啊，这样就能把我的零花钱都存起来了。对了，我也要像猴子一样，学会记录，期待年底能用零花钱买我心爱的玩具。

▶《野猪富翁的烦恼》

野猪有钱了，可是它不快乐，帮助别人才能快乐。

南灏尊 4岁

小朋友，读完这几本书，你有什么想法和收获呢？也来说一说，写一写吧！